零失敗！
自宅麵包烘焙
教室

吉永麻衣子

　　我一直在推廣，希望忙碌的媽媽們也能做出可以每天烤來吃的簡易麵包。我開發了多種烘焙食譜，期許能盡力推廣給更多人知道，除了透過媒體平台展開活動之外，也與日本的「自宅烘焙師」資格考試共同合作，開設「自宅烘焙講座」。

　　我在這些活動中認識了許多人，得到了好多令人開心的回饋。

　　有人很高興地說，從來沒想過自己會烤麵包，感覺自己變成有點厲害的媽媽了。有人笑著說，之前學的麵包作法好麻煩，真想把耗掉的時間討回來！也有人覺得真是相見恨晚，想要教女兒做麵包！

　　許多人一想到要做麵包，就得做好心理準備，例如烘焙「很花時間」、「耗體力」，或是「搞不懂什麼是發酵」，而且「必須準備材料和工具」。

　　我很懂這種心情，因為我自己第一次學做麵包的課程也是這樣教。但是，親手烤出超級好吃的麵包，這件事令我打從心底感動不已。

　　我在上一份工作中，一邊工作一邊學烘焙，結婚後生了3個男孩。踏入麵包的世界已有十餘年，生活模式也漸漸改變。在這段過程中，「做麵包」這件事，從興趣變成生活的一部分。

　　我所追求的是做出賣相好看的麵包嗎？還是想得到他人的稱讚？為了誰而從事烘焙？我開始思考這些問題，經過一番去蕪存菁後，得到的答案是即使賣相不好也沒關係，我想自己挑選安全且令人放心的食材，做出在家也能輕鬆烘培的美味麵包。

　　還有，我希望重要的家人可以吃得開心。

　　現在要傳授給各位的「自宅烘培術」，正是我表達這個理念的方式。

　　雖然麵包吃下肚後就消失了，但重要的回憶肯定會留下。如果這些回憶能與下一代聯繫在一起，我覺得沒有比這個還令人開心的事了。

對我來說，這本書是為了傳遞幸福滋味的全新挑戰。

　　有些人認為「麵包就該用買的」，而製作本書的用意，就是希望他們第一次嘗試烤麵包時，可以參考這本書。

　　為了傳達出「簡單易懂」的感覺，我目前出版的書籍都會刻意限制製作過程的照片數，並且精簡字數，整理出容易理解的內容。

　　本書將會詳細說明至今未寫完的內容。沒有烤過麵包的人一定能放心學習，體會手作麵包的樂趣。

　　對於一直都很喜歡「自宅烘焙」的人來說，這本書可以用來對答案，確認重要的烘焙技巧。了解更多烘焙知識，可幫助我們累積各式各樣的烘焙經驗，進而將這些技巧變成自己的東西。

　　希望「自宅烘焙」能和煮飯一樣輕鬆，並且成為各位生活中的一部分。

吉永麻衣子

Contents

Part 1　超基礎的麵包作法
學會「隨切隨烤麵包」

Part 2　快速做出麵包店的
人氣麵包！

Part 3　以有點奢侈的麵團做出麵包點心

Part 4　如米飯一般的主食麵包

Part 5　玩樂篇
更加隨心所欲在家挑戰10款麵包烘焙

「自宅烘焙」

為什麼簡單好學
又保證好吃？

每天生活忙碌的人，該如何在家裡輕鬆做出剛出爐的美味麵包？
深入思考後得到的答案，就是麻衣子派的「常備麵包」。
我在追求簡單方法的過程中，找到了真正的好味道。

> 沒有烤箱
> 也可以
> 烤麵包！

1 烤吐司機或平底鍋
也可以用來烘烤麵包

應該有很多人會認為烤麵包一定要用烤箱吧？其
實除了烤箱之外，還能使用烤吐司機、平底鍋、烤
魚機等常見的料理工具，本書將介紹用4種工具烤
麵包的方法。放鬆心情，試做看看吧！

> 不用揉捏！
> 只要攪拌！

2 準備方法超簡單！
廚房不會弄得髒兮兮

通常我們認為做麵包一定要對揉麵團很熟練，但本
書所介紹的麵團只需要快速攪拌麵粉材料，使麵團
發酵就行了。準備好調理盆、保存用的容器、橡膠
刮刀（飯勺也行）就能做出麵團！如果想做出鬆軟的
麵團，才需要用到揉麵團的方式。發酵完成後，請
小心注意麵團是否太乾燥。

在冰箱裡
發酵成
鬆軟的麵團！

3 低溫慢慢發酵的麵團 烤出來才會好吃！

「交給冰箱冷藏發酵」是麻衣子派常備麵包的基本作法。麵團需要在低溫中慢慢熟成並發酵8小時以上，因此不需要控管溫度，作法簡單而不易失敗。而且成形階段使用的是冷麵團，還可以減少麵團黏手的問題。如果想在家裡自製麵包，「冷藏常備麵包」是最好的作法！

想吃麵包時，
雖時都可以
烤來吃！

4 歡迎享用 最幸福的早餐

完成「常備麵包」的麵團後，可以用冷藏或冷凍的方式保存。只要取出需要的分量，就能開始烘烤。這樣就能做出豐盛的早餐，吃到剛出爐的麵包！如果想做隨切隨烤的麵包，就不需要另外加工成形！也可以試著用平底鍋烘烤，就像煎玉子燒一樣簡單喔。

家中的工具就行！

基本工具與材料

這裡將介紹「自宅烘培」的好用工具及必備的材料。

基本工具

1 大碗調理盆
攪拌粉類材料，混合麵團時需要用到的工具。

2 小碗調理盆
溶解速發乾酵母時，準備直徑約10cm的小碗會比較方便。

3 料理秤
計算材料量。可使用以1g為單位的料理秤。

4 刮板
分割麵團的好幫手。如果沒有刮板，可用菜刀代替。

5 橡膠刮刀
用於攪拌麵團。如果沒有刮刀，飯勺也行。

6 桿麵棍
用於延展麵團。

7 保存容器（800mℓ）
麵團靜置於冰箱發酵時，需要使用容器並蓋上蓋子。可使用五金材料行販售的容器。

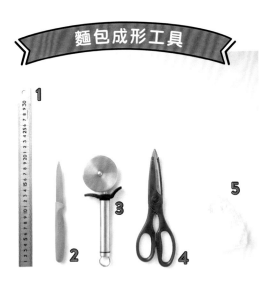

麵包成形工具

1 不鏽鋼量尺
用於測量麵團的尺寸。不鏽鋼製品清洗起來很方便。

2 麵團割紋刀
在麵團上壓出紋路。

3 披薩刀
用於切割麵團。

4 廚房用剪刀
裁剪麥穗狀的麵包。還可以用來切割其他食材。

5 浴帽
在發酵階段輕輕罩在碗或模具上，避免麵團變乾燥。

如果沒有橡膠刮刀，也可以用飯勺。製作麵團只要使用手邊的工具就夠了！

準備麵團材料時，請記得這3組備料：
Ⓐ粉類、Ⓑ攪拌用水、Ⓒ油脂。
如果要製作甜麵團或丹麥麵團，則要在
Ⓑ中加蛋。此外，Ⓑ的牛奶也可以用優
格或豆漿代替。

基本材料

Ⓒ 油脂

Ⓐ 粉類

Ⓑ 攪拌用水

1 高筋麵粉
使用含有大量麩質的高筋麵粉。也可以當
作手粉使用。

2 鹽巴
鹽巴可以強化麵筋，使麵包更美味。請使
用法國 Guerande 鹽之花天然鹽，或是品
質良好的鹽巴。

3 砂糖
本書使用的是日本特有的黍砂糖（きび砂
糖），也可以使用其他砂糖。砂糖可協助
麵團發酵，並且增添甜味。

4 速發乾酵母
麵團發酵時必須使用酵母。使用新的
酵母時，開封後放於冰箱中保存。

5 牛奶
製作出有烘烤顏色，且風味十足的麵
包（可換成豆漿）。

6 水
引出高筋麵粉中的麩質。

7 奶油
加入油脂可加強麵團的融合，使風味
更佳。依喜好選擇有鹽奶油或無鹽奶
油。

本書的使用方法

●本書使用的高筋麵粉為其他國家產的小麥，於一般超市中販售。如果是使用日本生產的小麥，蛋白質（麩質）的比例較低，做出來的麵包會不太一樣（請看下方說明）。

●速發酵母使用的是乾酵母。

●砂糖使用黍砂糖，鹽巴使用法國Guerande鹽之花，可依個人喜好選擇材料。雞蛋選擇M號蛋。

●使用有鹽奶油，也可以無鹽奶油代替。

●麵包的烘烤時間為建議時間。烤麵包的機器則使用烤箱、烤吐司機、烤魚機與平底鍋。每一款麵包的食譜會介紹建議使用的機器。每種機器的使用時間不盡相同，請一邊觀察麵包的狀況，一邊進行調整。

●書中介紹的烤魚機使用時間為雙面烘烤型的建議時間。如果要使用單面烘烤型，則先依照指定時間烘烤，再上下翻面並確認烘烤狀況，然後再烤2～3分鐘。

●使用氟素樹脂塗料加工的平底鍋，需要蓋上蓋子。如果是鐵製平底鍋，則使用表面有經過加工的鍋子，或是在鋁箔紙上塗薄薄一層的油，鋪在鍋子上再開始烘烤。在烤盤上鋪鋁箔紙時，也以同樣的方式準備。

●用烤魚機或烤麵包機烘烤時，若麵包因靠近火源而看起來快焦了，請在中途以鋁箔紙蓋住麵包。

●烤箱一定要在烘烤之前預熱。

●使用模具時，請在放入麵團之前，在模具內側塗上油或奶油。

●室溫假定為20～25度。

●本書製作的麵團也能放冷凍保存。

> 熟悉烘焙後，
> 請烤看看
> 日本的小麥。

日本產小麥與他國小麥的差別

春豐、春戀麵粉是日本產的小麥，Camellia山茶花、鷹牌麵粉則是其他國家產的小麥，兩種麵粉有什麼差別呢？重點在於蛋白質（麩質）與灰分（風味）的差異。

日本的小麥	其他國家的小麥
麩質少，灰分多	麩質多，灰分少
▼	▼
小麥的風味強烈，但難以做出分量感	麵包有分量感，味道卻比較清淡

只要記得
這些就行了！

Part 1

超基礎的
麵包作法

常備麵包

學會
「隨切隨烤麵包」

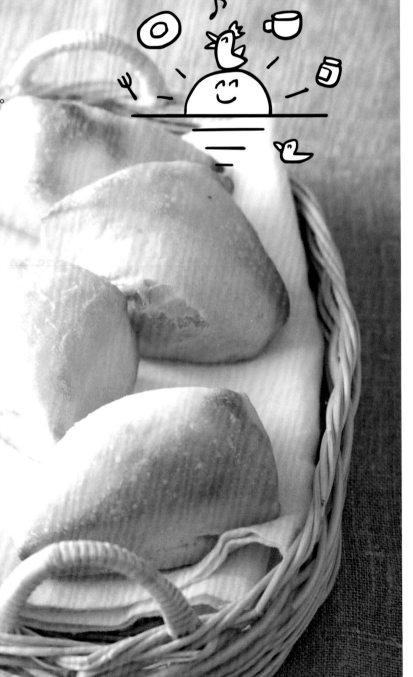

超基本

一起來做
隨切隨烤麵包

「隨切隨烤麵包」
可說是世界上
最簡單的麵包食譜。
只要將融合完成的麵團，交給冰箱熟成就行了。
而且還不需要做出形狀！
想吃麵包的時候，
隨意切下麵團，就能開始烘烤。

材料（約45g，8個）

A｜高筋麵粉 … 200g
　　鹽 … 3g
　　砂糖 … 14g

B｜牛奶（放回室溫）
　　… 100g
　　水 … 40g
　　速發乾酵母 … 2g

C｜奶油（室溫放軟）
　　… 10g

也可以用
保鮮膜包住，
用手指揉捏！

Step 1　製作**基本麵團**

混合材料

第一次加入時，先倒入
9成的分量，以便觀察
粉類的狀態。

**在攪拌用水中
加入酵母**

在碗裡加入 B 的牛奶和水，分
散撒入酵母，等待 1 分鐘左
右，直到酵母沉下去。

**快速攪拌
粉類材料**

在更大的碗中加入 A，用刮刀
快速攪拌混合。

**在粉類中
加入攪拌用水**

等 1 的酵母完全沉入牛奶後，
將 1 繞圈倒入 2 的粉類中。

用刮刀攪拌

用刮刀快速攪拌,直到不再有粉狀物。

**將麵團
揉成一大塊**

最後用手揉合麵團,直到粉狀物或水分不再殘留,揉成一大塊麵團。

加上奶油

將奶油放在這塊麵團之上。

可是我不太喜歡
讓手沾到麵團⋯⋯

Answer!

橡膠刮刀和刮板很好用喔～
不妨使用這些道具
將麵團攪拌至融合吧。

用手揉捏2～3分鐘

7 ≫ **8** ≫ **9**

旋轉調理盆，從多個
方向揉捏麵團。

抓握並揉捏麵團
直到奶油融入

以抓握的方式揉捏，讓奶油確
實融入麵團。

握拳按壓麵團

將麵團對折，用拳頭按壓。一
邊用左手轉動調理盆，一邊重
複動作。

揉出一塊
完整的麵團

等到奶油融入麵團，且不再黏
手後，揉出一個完整的麵團。

以前看媽媽做麵包
都是又拍又揉的，
看起來好累人喔。

Answer!

只要揉捏2～3分鐘就好。
而且採用「拳頭揉壓法」
就不會黏手。

Step 2 　發酵　〔放入冰箱〕

10 ≫ **11** ≫ **12**

（冬天時 可放入蔬果室）

放入保鮮盒

將麵團移到附有蓋子的大保鮮盒中（照片中的容器尺寸為 20.4 × 12.7 × 高5.8㎝，容量為800㎖）。

蓋上蓋子 放入冰箱

蓋上保鮮盒的蓋子，並且放入冰箱。

麵團發酵後

冰箱溫度為7度時，須放置約8小時進行發酵，麵團會膨脹1.5～2倍。若蔬果室溫度較高，發酵速度會稍微加快。

Point!

先在保鮮盒內塗上薄薄的油，之後會比較容易取出麵團。

可是我不知道麵團有沒有在發酵耶。

Answer!

即使麵團幾乎沒有膨脹，但只要放超過8小時就沒問題！切好麵團後，就可以開始烤囉。

Point!

發酵後的參考標準。大概會膨脹1.5倍。

Step 3　分割　想吃多少就切多少

13 » 14 » 15

直接拿去烤就可以囉！

切下需要用到的麵團
取出麵團並用刮板分割。將剩下麵團搓圓，放回冰箱保存。

依喜好分割麵團大小與形狀
繼續用刮板切出喜歡的大小與形狀。

將切好的麵團置於烤盤
在烤盤上鋪烘焙紙，或是表面經過加工的鋁箔紙，麵團之間保留空隙。也可以在普通的鋁箔紙上塗一層薄薄的油。

Point!

取出麵團之前，在桌上撒手粉（高筋麵粉／額外的分量），避免麵團沾黏。

 只要分割麵團就好了？不用像搓糰子那樣搓成圓形嗎？

Answer!

分割「隨切隨烤麵包」時，幾乎不會碰到麵團。烘焙新手可以做得很好！

 請注意！已發酵的麵團是很敏感的，一旦觸碰次數過多，就會變得太乾燥。

Step 4 　烘烤

沒有烤箱也能烤！

🍞 烤吐司機

在烤盤上鋪一張表面加工的鋁箔紙，放上麵團。無須預熱，以1200W烤8分鐘。如果感覺快烤焦了，請在麵團上蓋一張鋁箔紙。

麵團離熱源很近，需要覆蓋一張鋁箔紙才能避免烤焦。

🔲 烤箱

在烤盤上鋪一張烘焙紙，放上麵團。需預熱，以180度烤15分鐘。

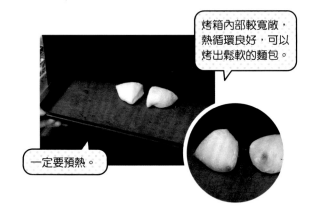

烤箱內部較寬敞，熱循環良好，可以烤出鬆軟的麵包。

一定要預熱。

🍳 平底鍋

麵團可直接放在氟素樹脂加工的平底鍋上，如果是使用鐵製平底鍋，則需要先鋪一張烘焙紙。雖然隨切隨烤的麵包可以直接拿去烤，但為了烤出蓬鬆感，需要蓋上鍋蓋，用大火加熱平底鍋20秒，並於停火後靜置15分鐘。然後再用小火加熱7分鐘，上下翻面再烤7分鐘。

內層鬆軟，外層微焦。本書會介紹多款用平底鍋烤的麵包喔。

🔳 烤魚機

將麵團放在表面經過加工的鋁箔紙，或是塗一層薄油（額外的分量）的鋁箔紙上。雙面烘烤型以中火烤4分鐘，單面烘烤型則要翻面再烤3分鐘。感覺快烤焦的時後，請蓋上鋁箔紙加以調整。

麵團離火很近，可烤出外層酥脆、內層鬆軟的麵包。也很適合烤披薩（p.32）。

全部都好吃！

4 種烤法，
做出不一樣的麵包

麵包的種類和大小不同，適合的烤法也不盡相同，熟悉烘焙方式後，請分別使用看看！很推薦新手練習平底鍋烤法喔！

平底鍋

麵包因為加蓋子而充滿蒸氣，內層Q軟，外層則烤得微焦。麵包形狀平坦。

烤吐司機

烤吐司機其實很萬能，簡單且不易失敗。訣竅在於用鋁箔紙微調就能避免烤焦。

烤魚機

能烤出很好吃的麵包。利用短時間的高溫烤出酥脆的表皮！建議用來烤比較薄的麵團，尤其拿來烤披薩最棒了！

烤箱

烤箱內部寬敞，麵團一邊發酵一邊烘烤，可以烤出鬆軟均勻的麵包。不過烤箱要確實預熱，這點很重要喔！

如果想要趕快烤麵包，該怎麼做呢？

麵團靜置於冰箱8小時，
以低溫慢慢發酵後，
較能做出麵包的深層味道。
但如果想趕快品嚐麵包，該怎麼做呢？
接下來將為你介紹加快發酵時間的祕訣。

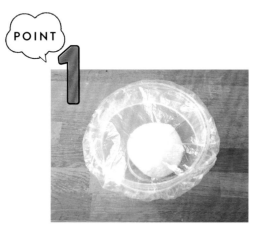

室溫發酵

酵母在接近40度的環境中最活躍。如果想加快發酵速度，請在做好的麵團上蓋上浴帽，置於室溫中。夏天約靜置30～40分鐘，冬天靜置約1小時，麵團便會完成發酵。麵團的發酵程度大約膨脹1.5～2倍就沒問題了。

泡溫水

冬天室溫較低，可在大碗中裝入約40度的溫水，並且讓放著麵團的調理盆浮在水中。水變冷之後再換水，讓溫水保持在固定溫度。膨脹程度會受到室溫影響，通常發酵膨脹1.5～2倍就行了。

使用保溫器具

使用真空悶燒鍋之類的保溫器具，是比方法**2**還輕鬆的方法。只要在鍋中加入40度的溫水，再將麵團裝入塑膠袋後放入鍋子裡就行了。接著蓋上蓋子，等待發酵。由於水溫不會轉涼，可以直接放著不動。

使用烤箱的發酵功能

POINT **4**

將烤箱的發酵功能設定為40度左右，麵團放入烤箱，使其發酵40～50分鐘。由於麵團不易受到室溫影響，發酵的成果很穩定。

Plus Idea!

事先記好酵母的分量！

如果覺得每次都要計算速發乾酵母的分量很麻煩，那就先用量匙測量，記住2g、3g分量的大概位置，如此一來下次就不用再重新測量。酵母稍微加多一點也沒關係，請心平氣和地練習，一起熟悉製作麵團的方法吧。不過請不要使用開封過的酵母喔。將一撮酵母投入溫水，如果出現泡泡就是酵母還是新鮮的證據。

計算單次分量，事先備好超方便的「麵包套組」！

有時想烤麵包，卻還要趕著計算材料分量，實在很麻煩。那麼，只要事先量好幾次的分量，將粉類的基本材料分裝到塑膠袋裡，想烤麵包時就能馬上揉好麵團。分裝好的備料請放入冰箱保存。

在麵團中拌入食材的祕訣「千層酥攪拌法」！

若要做出好吃又鬆軟的麵包，重點在於不能碰觸麵團太多次。
混合其他食材時，也不能過度觸碰麵團。（如p.24的麵包）
接下來介紹的「千層酥攪拌法」，可以減少麵團黏手的問題喔。

1 完成基本麵團（p.13～15）的步驟 **9** 之後，撒入所有食材。

2 用刮板將麵團切成 2 等分，將麵團疊在一起，並且往下壓平。

3 接著再用刮板將麵團往下對半切。重複做一次步驟 **2**～**3**。

4 將掉出來的葡萄乾放在麵團上，拉開麵團兩端，往下收攏將葡萄乾包進去。

5 旋轉90度，重複動作直到麵團繃緊。

6 以手掌將表面拉平，麵團的收口朝下並放入保鮮盒，接著進入步驟 **10**（p.16）的發酵階段。

為了不讓食材從麵團中掉出來，請細心處理步驟 **5**！

事先準備好 冷凍常備麵包！

麵團的保存時間不盡相同，通常可以冷藏保存3～5天。
冷凍的常備麵包則可以保存1個月，可以隨時享用剛出爐的麵包。
而且解凍後還可以另外加配料。發現麵包沒了？昨晚忘記買麵包了？
冷凍常備麵包還能在這時派上用場喔。

想吃麵包時，
就用以下幾種
方法烘烤吧！

依個人喜好裁切大小，將「隨切隨烤麵包」放入淺盒中，麵團之間要保留空間。接著將盒子放入冰箱。

將冷凍好的麵包放入保鮮袋，就可以有效利用冰箱空間。

●從冰箱拿出來，直接送去烘烤。
●自然解凍後，加入配料後送去烘烤。
●用微波爐加熱解凍，加上配料後，再送去烘烤。
●在直接在冷凍狀態下油炸。

Plus Idea!

還可以包裝成禮物，或是當作外出時的小點心

將烤好的麵包放涼，用食品專用透明袋或包裝紙包裝起來，馬上就能營造出咖啡店的感覺。麵包可以當作禮物或午餐，也很適合當外出時的小零食喔。

人氣麵包

學習做出
隨切隨烤的麵包

小朋友的最愛
玉米粒

用配料填滿麵包吧
巧克力豆

適合帶便當
培根

請將培根
切丁！

材料（4個）

基本麵團（p.13～16）
… 一半分量
巧克力豆 … 50g

材料（4個）

基本麵團（p.13～16）
… 一半分量
玉米粒 … 50g

材料（4個）

基本麵團（p.13～16）
… 一半分量
培根 … 50g

混合方法請看 p.22，
烘烤方法請看 p.18。

混合豆子，
避免掉出來

香酥脆

起司

花點功夫做出Q彈葡萄乾

葡萄乾

也可以做日式麵包喔！

甘納豆

⋙

⋙

⋙

材料（4個）

基本麵團（p.13～16）
　…一半分量
葡萄乾…50g
（清洗後，用紙巾擦乾）

材料（4個）

基本麵團（p.13～16）
　…一半分量
起司（粗略地切碎）
　…50g

材料（4個）

基本麵團（p.13～16）
　…一半分量
甘納豆…50g

麵包條

‖maiko's point!‖

只要調整隨切隨烤麵包的形狀，就能做出麵包條。麵包條吃起來很方便，很適合當作小朋友的點心或輕食，人氣屹立不搖。請一定要試看看p.28介紹的多款麵包條。

原味

菠菜

青海苔

南瓜

外出或玩社團的時候享受！

（原味）

材料（6～7根）

| 基本麵團（p.13～16）… 一半分量

1

使用桿麵棍，將基本麵團推壓到7mm厚。

2

用刮板劃出7等分的切割線。

3 分割

用刮板分割麵團。

4

放上烤盤，可先靜置20分鐘（二次發酵），也可直接烘烤。

不馬上烘烤，先靜置20分鐘，麵團更蓬鬆。也可以直接拿去烤喔！

∥ maiko's point! ∥

5 烘烤

 烤吐司機
無須預熱，1200W烤7分鐘。

 烤箱
需預熱，180度烤12分鐘。

 平底鍋
蓋上蓋子，大火加熱30秒，熄火並停等15分鐘，兩面各烤7分鐘。

∥ maiko's point! ∥

放入冰箱一次發酵，目的是讓麵團熟成。二次發酵則是為了使麵包口感更蓬鬆。

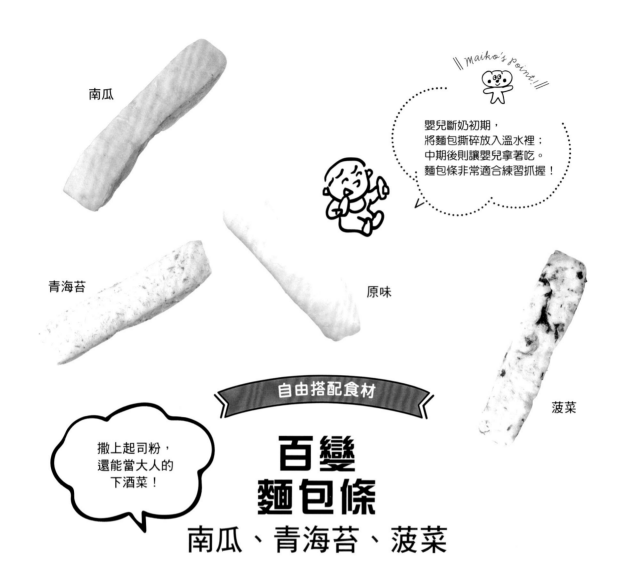

南瓜

青海苔

原味

菠菜

‖ maiko's point! ‖

嬰兒斷奶初期，
將麵包撕碎放入溫水裡；
中期後則讓嬰兒拿著吃。
麵包條非常適合練習抓握！

自由搭配食材

撒上起司粉，
還能當大人的
下酒菜！

百變
麵包條
南瓜、青海苔、菠菜

材料（6～7根）

〔3款共同材料〕

高筋麵粉 … 100g
鹽 … 1g
砂糖 … 5g
速發乾酵母 … 1g
奶油 … 5g

〔南瓜〕

牛奶 … 60g
冷凍南瓜（解凍並搗碎）
　… 30g

在基本麵團（p.13～
16）步驟 **1** 的酵母液中
混入南瓜，然後進入步
驟 **2**。

〔青海苔〕

牛奶 … 20g
水 … 50g
青海苔 … ½匙

在基本麵團（p.13～
16）步驟 **2** 的粉類中
混合青海苔，接著進入
步驟 **3**。

〔菠菜〕

牛奶 … 45g
冷凍菠菜（切碎）
　… 30g
起司粉（依個人喜好）
　… 適量

在基本麵團（p.13～
16）步驟 **1** 的酵母液中
混入菠菜，進入步驟
2。接著依喜好撒上起
司粉，開始烘烤。

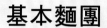

基本麵團

Part 2

麵包店的 快速做出 人氣麵包！

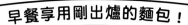

圓麵包

maiko's point !

要讓圓麵包成形
其實很不容易。
請慢慢進行
二次發酵※。

maiko's point !

※二次發酵是指
麵團成形後，
靜置一段時間。
便能烤出蓬鬆的麵團。

材料（8個）

麵團

基本麵團（請參照p.13～16）

… 全部分量

1

分割

取出基本麵團的一半分量，並切成4等分。

‖ maiko's point! ‖

將麵團分兩半，建議一次塑形一半的量，較能防止麵團變乾燥。

2

成形

將麵團的切痕往上推，並且對折。

3

用中指將麵團從前方開始往後捲，然後旋轉90度並對半折，重複操作3次步驟 **2** 和 **3**。

4

接合處朝上，用手指捏合。

5

發酵

‖ maiko's point! ‖

膨脹約1.5倍大就行了！

將麵團的收口朝下，放在烤盤上，用大碗蓋住20分鐘（天冷時則發酵30分鐘）。剩下的其他麵團也用同樣的方式處理。

6

烘烤

烤吐司機

無須預熱，1200W烤7分鐘。

烤箱

需預熱，180度烤15分鐘。

披薩

在家就能吃到剛出爐的美食，真幸福！

‖ maiko's point! ‖

如果麵團很難延展，
就讓它休息一下吧！

‖ maiko's point! ‖

誰說披薩
一定要是圓的？
只要厚度維持 5 mm，
想做什麼形狀都行！

材料（2片）

麵團
基本麵團（請參照p.13～16）
　… 全部分量

配料
青椒（切薄片）、番茄（切薄片）、義大利香腸、
披薩專用乳酪絲、番茄醬 … 皆適量

with these

---

1 分割

取用一半分量的基本麵團，將外圍的
麵團往中間集中，並用手指捏合。

2

麵團收合處朝下擺放。

3 成形

用桿麵棍推壓出直徑
20㎝、厚度5㎜的麵
團。

‖ maiko's point!‖
從麵團的中心開始，
上下左右、斜向延展。

4

將麵團放在烤盤上，再用叉子在表面
戳滿孔洞。

5

‖ maiko's point!‖
只要有乳酪絲就行了，
配料可自由搭配！

塗上一層薄薄的番茄醬，依序鋪上蔬
菜、義大利香腸、乳酪絲。另一片披
薩也用同樣的方式製作。

6 烘烤

烤吐司機
無須預熱，1200W烤7分鐘。

烤箱
需預熱，250度烤10分鐘。

鹽可頌

Maiko's point!

建議選用岩鹽
作為麵包的配料。
包在裡面的奶油
要使用有鹽奶油喔！

材料（4個）

麵團	餡料	
基本麵團（請參照 p.13～16） … 一半分量	加鹽奶油 … 5g／1個	岩鹽 … 適量

maiko's Point!

要保留一點空隙，
鹽可頌才會蓬鬆。

1

用桿麵棍將基本麵團推壓成厚度 5mm
的半圓形。

maiko's Point!

捲好之後，
沾水將麵團封起來。

4

從底邊開始捲，將奶油包起
來。

2 分割

將麵團切成 4 等分，切出等腰三角
形。

5 發酵

放上烤盤，蓋上大碗靜置 20 分鐘，
最後撒上岩鹽。

3 成形

在等腰三角形的底邊上，橫放一條奶
油。

6 烘烤

 烤吐司機
無須預熱，1200W 烤 10 分鐘。

 烤箱。
需預熱，200 度烤 13 分鐘。

免油炸 咖哩麵包

‖ maiko's point!! ‖

可在用剩的咖哩中
加入一些煮好的馬鈴薯，
將鍋底的咖哩
調到呈現濃稠狀。

這個有一點失敗了……
如果第二次發酵時
沒有確實包好餡料，
咖哩就會溢出來。

材料（4個）

麵團	餡料
基本麵團（請參照p.13～16） 　… 一半分量	乾咖哩 … 30g 麵包粉 … 適量 乾燥香芹 … 適量

with these

---

1 分割

將基本麵團分成4等分。切口朝上，用手將麵粉壓平。

2 成形

用桿麵棍將每一塊麵團推壓成直徑10cm的圓形。

3

不要沾到外圍。

將咖哩放在麵團中央。

maiko's point!!
注意！邊緣沾到咖哩，麵團就會在烘烤時散開。

4

收攏麵團時若沾到咖哩，請立刻洗掉。

再用手指將外圍的麵團捏合，收攏成圓球狀。→平底鍋作法，請至步驟6。

maiko's point!!
在烤好的麵包上撒一些香芹，顏色會很漂亮喔。

5 發酵

麵團收口朝下，放到烤盤上，並用大碗罩住麵團，等待20分鐘。表面沾水並鋪上麵包粉，撒上香芹。

6 烘烤

 烤吐司機
無須預熱，1200W烤10分鐘。

烤箱
需預熱，180度烤15分鐘。

平底鍋
蓋上蓋子，大火加熱30秒，熄火停等15分鐘，兩面各煎7分鐘。

麥穗麵包

帥氣的麵包造型
是由剪刀的入刀方式
來決定喔！

除了培根之外，
加入砂糖奶油或
奶油乳酪
也都很好吃喔！

材料（2條）

麵團	餡料
基本麵團（請參照p.13～16） … 一半分量	培根 … 1片/1個 顆粒芥末醬 … 適量/1個

with these

1 分割

用桿麵棍將基本麵團推成長度20cm的橢圓形，並用刮板縱向切成2等分。

2 成形

在麵團上放一片培根，再用桿麵棍推壓。

3

將顆粒芥末醬塗在培根上。

4

將培根捲成細長形，並且捏合接縫處。

maiko's point!!

斜斜地剪入麵團，就能做出外觀銳利的麥穗麵包！

5 發酵

收口朝下，放在烤盤上，用大碗蓋住靜置20分鐘，再用廚房剪刀交錯斜剪出切口。切口長度約為2cm。

6 烘烤

烤吐司機
無須預熱，1200W烤7分鐘。

烤箱
需預熱，200度烤15分鐘。

英式瑪芬

∥ maiko's point!! ∥

用平底鍋將兩面
煎得剛好微焦，
超級好吃！
而且不需要模具喔。

材料（4個）

麵團
基本麵團（請參照p.13～16）
… 一半分量

配料
玉米粉 … 適量

with these

---

maiko's point!!
成形零失敗！

1 分割

將基本麵團切成4等分。

2 成形

麵團接縫朝上，從前面對半折，並且由前往後捲。旋轉90度，重複操作3次。

3

將每一塊麵團的接合處朝上，用手指捏一捏。

4

將整個麵團沾滿玉米粉。

maiko's point!!
建議使用氟素樹脂加工的平底鍋。如果選用鐵製平底鍋，請鋪上表面經過加工的鋁箔紙。

5 發酵 烘烤

收口朝下，在平底鍋上擺好，蓋上蓋子並以大火加熱30秒，熄火後靜置15分鐘。

6 平底鍋
二次發酵後，蓋上鍋蓋，兩面各煎7分鐘。

維也納香腸麵包
火腿起司麵包

Maiko's point!

記住成形方法後，
可以試著加入
其他配料喔！

Maiko's point!

深受小朋友喜愛的麵包。
請小朋友選擇
喜歡的香腸或火腿，
一起玩烘焙。

維也納香腸麵包

材料（3個）

麵團
基本麵團（請參照p.13～16）
　… 一半分量

配料
維也納香腸 … 1條/1個
美乃滋 … 適量　番茄醬 … 適量

with these

maiko's point!!
將麵團拉成一個環，烘烤時就不會膨脹，可穩住上面的配料。

1

用桿麵棍將基本麵團做成厚度約7mm的長方形。

2
分割

用刮板切成3等分。

3
成形

縱向切入麵團，其中一端保留1cm不切，接著拉成數字3的形狀。

4

將另一端的麵團捏合在一起。

5

在麵團中間放上香腸，接著放入烤盤，塗上美乃滋和番茄醬。剩下的麵團也用同樣的方式製作。

6
烘烤

烤吐司機
無須預熱，1200W烤10分鐘。

烤箱
需預熱，180度烤15分鐘。

火腿起司麵包

材料（4個）

麵團	配料	披薩專用乳酪絲 ⋯ 7g／1個
基本麵團（請參照p.13～16） ⋯ 一半分量	火腿 ⋯ 1片／1個	乾燥香芹 ⋯ 適量

---

1 （分割）（成形）

將基本麵團分割成4等分。切口處朝上並對折，用手將麵團推平。

2

在麵團上放火腿，用桿麵棍上下左右推壓延展。

3

從前面開始捲麵團，並且將接縫處捏合。

4

將兩端對折，並用手指捏合，再用刀子將捏合處的對側切開，打開麵團。

5 （發酵）

放上烤盤，用大碗蓋住並靜置20分鐘，撒上乳酪絲。

6 （烘烤）

 烤吐司機
無須預熱，1200W烤10分鐘。

 烤箱
需預熱，180度烤15分鐘。

+雞蛋
+砂糖
+牛奶

Part 3

以有點

奢侈的麵團
做出麵包點心

進階玩家
看過來！

用甜麵團
製作美味點心

甜麵團的基本材料

A	高筋麵粉 … 150g		B	雞蛋1顆＋牛奶 … 共140g		奶油 … 15g	
	低筋麵粉 … 50g						
	砂糖 … 20g			速發乾酵母 … 2g			
	鹽 … 3g						

1

每個雞蛋的分量不盡相同，所以要調整牛奶量，整體達到140g就可以了。

將雞蛋打入調理盆，並將牛奶加到140g。

5

在 **3** 中加入 **4**。

9

拍打麵團的製作程序，比較適合進階烘焙學習者。

手掌緊握麵團，在調理盆中拍打，將麵團往裡面折。重複操作數次。

2

倒入酵母。

酵母接觸到蛋液會變得不容易溶解，因此請倒入牛奶裡。

6

甜麵團的砂糖較多，而且有加入低筋麵粉，屬於容易沾黏的麵團。相較於基本麵團，更適合進階玩家練習。

用橡膠刮刀攪拌均勻。

10

將麵團包覆成完整一團，塗上額外分量的奶油後，放入保鮮盒。

3

在另一個調理盆中倒入食材A，並且攪拌均勻。

7

低筋麵粉是做出鬆軟麵團的關鍵，請仔細揉捏，並且確實完成二次發酵。

用拳頭壓麵團。

11

蓋上蓋子，在冰箱靜置8小時以上。

4

酵母沉入牛奶後，用叉子攪拌溶解 **2**。

8

放上奶油，用手仔細揉捏。

12

麵團經過8小時後，大概會膨脹到這個程度。

用熱狗麵包製作

撥開新鮮的麵包，竟是牽絲的起司！

起司熱狗

Maiko's Point!

起司棒的分量
可依個人喜好
加以調整。

Maiko's Point!

趁熱吃就能吃到
拉得長長的起司喔！

|| maiko's point! ||

一口就能吃光光～
小巧可愛的漢堡，
來一場漢堡派對吧！

49

起司熱狗

材料（3個）

麵團
甜麵團（請參照p.46～47）
… 一半分量

餡料
起司棒 … ⅓根／1個

with these!

---

1 分割

將甜麵團分割成3等分的長方形。

2 成形

放上起司棒，拉起下方的麵團蓋住起司中間。

3

起司的上方也用同樣的方式蓋住。

4

將麵團對折，用手指捏緊封住。
→使用平底鍋：請跳至 **6**

5 發酵

收口朝下放入烤盤，用大碗罩住並靜置20分鐘。撒上手粉（額外分量），用刀子橫向切出割痕。

6 烘烤

烤吐司機
無須預熱，1200W烤10分鐘。

烤箱
需預熱，180度烤15分鐘。

平底鍋
蓋上蓋子，大火加熱30秒，熄火並等15分鐘，兩面各烤9分鐘。

漢堡

材料（6個）

麵團
甜麵團（請參照p.46～47）
　… 一半分量

配料
番茄、萵苣、
漢堡排、番茄醬 … 皆適量

‖ maiko's point !!‖
手指輕壓麵團會回彈，
且外觀膨脹1.5倍，
就表示二次發酵完成。

---

1 分割

將甜麵團分成6等分。

2 成形

切口朝上，由前往後對折。

‖ maiko's point !!‖
形狀有很多種，
這裡請做成圓形吧。

3

用中指由前往後捲。將麵團轉90度
並對折，步驟 **2** 和 **3** 再重複做3次。

4

手指捏緊接合處。
→使用平底鍋：請跳至 **6**

‖ maiko's point !!‖
晃一晃烤盤，
麵團如果輕輕擺動，
就是發酵完成的信號。
冬天時，
發酵時間會長一點。

5 發酵

收口朝下放入烤盤，蓋上大碗並靜置
20分鐘。

6 烘烤　夾配料

 烤吐司機
無須預熱，1200W烤7分鐘。

 烤箱
需預熱，180度烤12分鐘。

 平底鍋
蓋上蓋子，大火加熱30秒，熄
火並停等15分鐘，兩面各烤7
分鐘。

菠蘿麵包
（原味、巧克力豆口味）

∥ maiko's point!∥

菠蘿麵包有
各種不同的造型。
請多花心思練習！

超人氣麵包！
當成禮物
對方也會很高興。

材料（6個）

麵包麵團

甜麵團（請參照p.46～47）… 一半分量

餅乾麵團

低筋麵粉 … 100g
奶油（放回室溫）… 45g
砂糖 … 45g
蛋液 … 23g
香草油 … 少量
巧克力豆 … 適量

with these

製作餅乾麵團

1 先在調理盆中加入奶油，用打蛋器拌至乳霜狀，然後慢慢加入砂糖並攪拌均勻。

2 慢慢加入蛋液，並且拌勻。

3 加入香草油，混合攪拌。

4 加入低筋麵粉，用橡膠刮刀邊刮邊攪拌，直到麵粉不再呈現粉狀。

5 用保鮮膜將麵團包成長度10cm的棒狀，在冰箱冷卻30分鐘以上。

(保存期限／冷藏3天，冷凍1個月)

製作麵包麵團

6 分割　甜麵團切成6等分。
（原味與巧可力豆口味，總共6個）

7 成形　切口朝上，由後往前捲，並將麵團對折。

8 以中指由後往前捲。

9 手指捏緊接合處。剩下的麵團也用同樣的方式製作。

原味菠蘿麵包

A｜將餅乾麵團塑形

1

從冰箱取出麵團，拿掉保鮮膜，在麵團上劃出6等分的切痕。

2 分割

將麵團切成6等分，每個都包上保鮮膜，用手壓平。

3

用桿麵棍推壓出可以包住麵團的大小。

4 成形

攤開保鮮膜，將⅙的麵包麵團放在餅乾麵團上。

5

上下翻轉，用餅乾麵團蓋住麵包麵團，輕壓邊緣，使麵團貼合。

6

在麵團表面沾滿細砂糖（額外分量）。

7

用刮板在表面上切出格紋。

8 發酵

剩下2個也用同樣的方法，放入烤盤靜置20分鐘。

9 烘烤

🍞 **烤吐司機**
無須預熱，
1200W烤10分鐘。
在烘烤途中蓋上鋁箔紙，
以免麵包烤焦。

🔲 **烤箱**
需預熱，180度烤18分鐘。

‖ maiko's point ‖

烤好之後，
砂糖變得好脆，
太好吃啦！

巧克力豆口味菠蘿麵包

接續 p.54 的 **A** 餅乾麵團 3

巧克力豆口味菠蘿麵包的作法也很簡單。

4 成形

攤開保鮮膜，撒上巧克力豆。

7

上下翻轉，將餅乾麵團蓋在麵包麵團上，輕壓邊緣並封起。

5

再次將保鮮膜包起來，用桿麵棍將巧克力豆滾壓入麵團。

8 發酵

剩下 2 個麵包也用同樣作法製作，放入烤盤靜置 20 分鐘。

6

攤開保鮮膜，放上麵包麵團。

9 烘烤

 烤吐司機
無須預熱，1200W 烤 10 分鐘。在烘烤途中蓋上鋁箔紙，以免麵包烤焦。

 烤箱
需預熱，180 度烤 18 分鐘。

甜甜圈

（原味、巧克力口味）

‖ maiko's point! ‖

甜甜圈不需要
利用模具塑形！
低溫慢慢油炸
是成功的小祕訣！

‖ maiko's point! ‖

超人氣點心「甜甜圈」，
小孩突然帶朋友回家
也不用擔心準備不周！

材料（6個）

麵團
甜麵團（請參照p.46～47）
　… 一半分量

糖霜
原味／糖粉 … 60g、水 … 5g※
巧克力口味／可可粉 … 5g、粉糖 … 60g、水 … 5g※
※ 視情況調整用量。

---

1 分割

將甜麵團分成6等分。

2 成形

切口朝上，由後往前捲，並將麵團對折。用中指由後往前捲，手指捏緊接合處。（請參照p.51）

3

麵團靜置約5分鐘後，在手掌和麵粉上撒手粉（額外的分量），用手指在麵團中心戳一個洞。

4

手指從孔洞兩端穿入，像纏捲線器一樣旋轉手指，擴大麵團的開孔，然後等20分鐘左右。剩下的麵團也用同樣的方式製作。

5 油炸

 平底鍋
加入室溫油，以中火炸至金黃色。油炸過程中需要上下翻面。

6
待溫度下降後，在大碗中倒入糖霜，將甜甜圈裹上糖霜。
糖霜的作法：以水溶解糖粉，也可以另外加入可可粉。

隨切隨烤的甜甜圈

材料（8個）
麵團
甜麵團（請參照p.46～47）
　… 一半分量
配料
黃豆粉 … 30g
砂糖 … 30g

1 將甜麵團分成8等分，放入保鮮盒後，放進冷凍庫保存。

2 從冷凍庫取出麵團，加入室溫油並以中火油炸，炸至金黃色（要多花一點時間）。

3 將黃豆粉和砂糖倒入塑膠袋混合。然後將甜甜圈放入袋中，搖晃袋子使甜甜圈沾滿粉末。

爽口好吃的奶油！

平底鍋
奶油麵包

|| maiko's point !||

只有平底鍋
才做得出來，
香味撲鼻的圓麵包！

如果還有空間，
可以加更多
奶油進去。

雖然需要
下一點工夫，
但非常值得
做看看喔。

卡士達奶油的作法

材料（方便製作的分量）

雞蛋 … 1個
砂糖 … 50g
低筋麵粉 … 15g
牛奶 … 180g
香草油 … 適量
奶油 … 10g

with these

奶油麵包的作法

材料（3個）

麵團
甜麵團（請參照p.46〜47）
　… 一半分量
餡料
卡士達奶油（依照左方作法）… 適量
配料
扁桃仁片 … 適量

1　　在耐熱調理盆依序加入砂糖、低筋麵粉和雞蛋。

2　　倒入牛奶、香草油，並用打蛋器拌至滑順狀態。

3　　以保鮮膜封住調理盆，放入500W微波爐加熱1分鐘，再加入奶油。然後再加熱1分鐘※。

4　　在大碗中加入冰水，冷卻 **3** 的調理盆。在保鮮盒上面放保冷劑，可以加速冷卻。

（ 保存期限／冷藏1〜2天 ）

※ 如果加熱後看起來不夠滑順，
請每30秒一次觀察奶油的狀況。

1　分割　　先將甜麵團分成3等分。

2　成形　　切口朝下，並用手壓平，在中間塗上卡士達奶油。

3　　用手指將周圍的麵團捏合，包住奶油。剩下的麵團也用同樣的方式製作。

4　　將收口朝下放入平底鍋，將扁桃仁片擺成心形。

5　烘烤

 　平底鍋
蓋上蓋子，大火加熱30秒，熄火並等15分鐘（二次發酵）。二次發酵後，蓋上蓋子，兩面各烤10分鐘。

地瓜麵包

Maiko's Point!

秋季是挖地瓜的時節，
我用孩子挖到的
地瓜做麵包，
他超級開心的！

材料（4個）

麵團
甜麵團（請參照p.46～47）
… 一半分量

配料
甘煮地瓜（切碎）… 50g / 1個
炒黑芝麻 … 適量

with these

---

1 成形

用桿麵棍將甜麵團推壓成長度22～
23cm的長方形。

4

在兩端各留2cm，並將中間切開。從
兩端扭轉麵團，捏住其中一端，繞成
漩渦狀。剩下的麵團也用同樣的方式
製作。→使用平底鍋：請跳至 **6**

2

在麵團前半部放入甘煮地瓜。

5 發酵

將麵團放入烤盤，撒上芝麻，並且靜
置20分鐘。

3 分割

將麵團對折，用刮板切出縱向4等分
的切痕。

6 烘烤

烤吐司機
無須預熱，1200W烤7分鐘。

烤箱
需預熱，180度烤15分鐘。

平底鍋
撒上芝麻，蓋上蓋子並以大火加
熱30秒，熄火並等15分鐘，兩
面各烤7分鐘。

奶油捲

|| maiko's point!! ||

用刷子將蛋液或牛奶
塗在麵團上，
成品看起來會更好看。
塗上蛋液會充滿光澤，
牛奶則有滑嫩的霧面感。

|| maiko's point!! ||

麵團會在
等待過程中鬆弛。
請依成形的順序
用桿麵棍延展麵團。

材料（4個）

麵團
甜麵團（請參照p.46～47）
… 一半分量

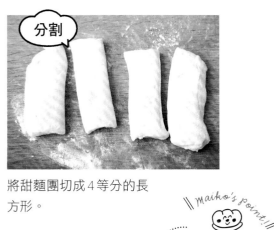

1 分割

將甜麵團切成4等分的長方形。

maiko's point!!
其實奶油捲有一點難做喔。

2 成形

在麵團上撒手粉（額外分量），右手從麵團中央開始往右滾，將麵團搓成長條狀。

3

靜置約5分鐘後，將麵團擺直，用左手的兩根手指夾住麵團下端，再用桿麵棍從中間開始，往上推壓至厚度7mm。

請不要用力推，稍微花一點時間慢慢延展。

4

壓住上方以免麵團滾回來，將麵團捲成3層。剩下的麵團也用同樣的方式製作。

5 發酵

放入烤盤，依個人喜好在表面刷上蛋液或牛奶，靜置20分鐘。

不要著急，要等待二次發酵喔。

6 烘烤

 烤吐司機
無須預熱，1200W烤7分鐘。

 烤箱
需預熱，180度烤15分鐘。

簡單好做

豐富的奶油風味！
就像麵包店裡賣的！

一起來做丹麥麵團

使用市售起酥片輕鬆做出

牛角麵包

材料（7個）

麵團
甜麵團（請參照 p.46～47）
　… 一半分量
起酥片 … 1片
　（邊長 10㎝正方形）

with these

Maiko's point!!

通常丹麥麵團會用奶油製作，
但只要使用起酥片
（請參照 p.90）
就能大幅降低製作難度。
新手也能烤出牛角麵包喔！

丹麥麵團

1

用桿麵棍將甜麵團推壓成邊長 10×20㎝的長方形，並在中間放上起酥片。

4

折疊前面和後面的麵團，折成三折，在室溫靜置10～15分鐘。

7

切割出 7片底邊為 5㎝的等腰三角形。

2

將麵團折成開門三折，手指捏緊並封住接合口。

5 成形

接著用桿麵棍延展，做出 14×20㎝的長方形。

8

在底邊的中間切開 1㎝，將兩側斜斜捲起，然後一直往上滾。

3

撒上手粉（額外分量），將麵團旋轉 90度，以桿麵棍推壓出 20×14㎝的縱向長方形。

6

用披薩刀切除邊緣。

9 發酵

放入烤盤，靜置20分鐘。

10 烘烤

 烤吐司機
需預熱，1200W
烤 10分鐘。麵團
容易烤焦，要在途
中蓋一張鋁箔紙。

 烤箱
需預熱，200度
烤 15分鐘。

65

好簡單！只要將市售的巧克力捲一捲就好

巧克力牛角麵包

材料（7個）

麵團
甜麵團（請參照p.46～47）… 一半分量

起酥片 … 1片（邊長10cm正方形）
巧克力片 … 2片/1塊

依照p.65的1～7流程，
製作出丹麥麵團

在麵團底部放上巧克力片。

從前面開始捲麵團。

發酵

擺在烤盤上，靜置20分鐘。

烘烤

 烤吐司機
需預熱，1200W烤10分鐘。
麵團很容易烤焦，所以要在途中蓋一張鋁箔紙。

 烤箱
需預熱，200度烤15分鐘。

包裹著扁桃仁醬的糖衣

扁桃仁片牛角麵包

材料（7個）

麵團

甜麵團（請參照p.46～47）… 一半分量

起酥片 … 1片（邊長10cm正方形）

扁桃仁醬（請參考右方）… 適量

扁桃仁片 … 適量（無烘烤）

依照 p.65 的 1～8 流程，製作出丹麥麵團

1
發酵

在麵團上放入扁桃仁醬和扁桃仁片，靜置20分鐘。

2 烘烤

 烤吐司機
需預熱，1200W烤10分鐘。
麵團很容易烤焦，所以要在途中蓋一張鋁箔紙。

 烤箱
需預熱，200度烤15分鐘。

扁桃仁醬的作法

材料（成品分量約為120g）

扁桃仁粉、
　砂糖、奶油、蛋液 … 各30g

事前準備

將奶油和雞蛋放回室溫。
扁桃仁粉過篩。

1

將奶油切碎並倒入調理盆，加入砂糖並攪拌混合。分次倒入蛋液，每次都要攪拌均勻。

2

倒入扁桃仁粉，仔細攪拌。

（ 保存期限／冷藏3天 ）

葡萄乾麵包

材料（6個）

麵團
甜麵團（請參照p.46～47）… 一半分量
起酥片 … 1片（邊長10cm正方形）

配料
卡士達奶油（請參照p.59）… 80g
葡萄乾 … 30g

---

1  成形

依照p.65的作法，做出丹麥麵團。用桿麵棍將麵團推壓成25 × 12 cm的長方形。

2

用披薩刀切掉邊緣。

3

在麵團下半部的⅔塗上卡士達奶油（請參照p.59），並且撒上葡萄乾。

4

從前面開始捲麵團，將接合口捏緊。

5  發酵

將麵團切成6等分的圓片，切口朝上放入烤盤，靜置20分鐘。

6  烘烤

 烤吐司機
需預熱，1200W烤10分鐘。
麵團很容易烤焦，所以要在途中蓋一張鋁箔紙。

 烤箱
需預熱，200度烤15分鐘。

改變形狀讓造型更可愛！

心形麵包

材料（8個）

麵團
甜麵團（請參照p.46～47）⋯ 一半分量
起酥片 ⋯ 1片（邊長10cm正方形）

配料
巧克力片 ⋯ 1片（100g）

1 （成形）

依照p.65的作法，做出丹麥麵團。用桿麵棍將麵團推壓成16×25cm的長方形。

2

撒上手粉（額外分量），從麵團的兩端往中間捲。

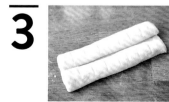
3

用刮板切出8等分的割痕。

4 （分割）

用刮板分割，切口朝上擺入烤盤，並將麵團捏成心形。

5 （發酵）

靜置大約20分鐘。

6 （烘烤）

烤吐司機
需預熱，1200W烤10分鐘。麵團很容易烤焦，所以要在途中蓋一張鋁箔紙。

烤箱
需預熱，200度烤15分鐘。

完成 巧克力隔水加熱並溶解後，在心形麵包的半邊淋上巧克力醬。

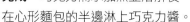

季節性水果
丹麥麵包

∥ maiko's point! ∥

將砂糖水
淋在麵包上，
糖霜就完成啦！

材料（6個）

麵團
甜麵團（請參照p.46〜47）… 一半分量
起酥片 … 1片（邊長10cm正方形）

配料
卡士達奶油（請參照p.59）
　…15g／1個
季節性水果（麝香葡萄、藍莓、奇異果）… 適量
糖霜（砂糖＋水）… 適量

with these

1

依照p.65的作法製作丹麥麵團，撒上手粉（額外分量），用桿麵棍推壓出18×16cm的長方形，切掉邊緣。

2

用披薩刀切掉邊緣。

3 分割

用刮刀壓出割痕，並且分成6等分。

4

將麵團放入烤盤，用叉子戳出通氣孔。

5 發酵

塗上卡士達奶油，大約靜置20分鐘。

6 烘烤

 烤吐司機
需預熱，1200W烤10分鐘。
麵團很容易烤焦，所以要在途中蓋一張鋁箔紙。

 烤箱
需預熱，200度烤15分鐘。

7 待烤好的麵包冷卻後，接著淋上糖霜，擺上喜歡的水果。

白桃丹麥麵包

|| maiko's Point! ||

水果和
卡士達奶油的
協奏曲。

材料（2個）

麵團

甜麵團（請參照p.46～47）… 一半分量

起酥片 … 1片（邊長10㎝正方形）

配料

卡士達奶油（請參照p.59）
… 50g/1個

白桃（有糖漿，切片）
… 4片/1個

with these

1

依照p.65的作法製作丹麥麵團，撒上手粉（額外分量），用桿麵棍推壓出18×16㎝的長方形，切掉邊緣。

2

分割　成形

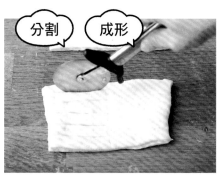

將18㎝的長邊切成2等分，在每一塊麵團的半邊切出通氣孔。

3

在無切痕的那一側塗卡士達奶油，依序放上白桃。

4

有切痕的那一面朝上，並將麵團對折，用手指捏合封住。放在烤盤上，以叉子壓住收口。

5

發酵

靜置20分鐘。

6

烘烤

烤吐司機

需預熱，1200W烤12分鐘。
麵團很容易烤焦，所以要在途中蓋一張鋁箔紙。

烤箱

需預熱，200度烤20分鐘。

馬鈴薯培根丹麥麵包

Maiko's Point!

丹麥麵包
可以當作配角，
隨時都能大放異彩！

材料（4個）

麵團
甜麵團（請參照p.46～47）
　… 一半分量
起酥片 … 1片（邊長10㎝正方形）

配料
白醬（市售）… 1大匙 /1個
馬鈴薯（切薄片）
　… 3片（塗上一層薄薄的橄欖油）/1個
培根 … 寬度2㎝的切片 /1個
起司粉 … 適量
乾燥迷迭香 … 適量

1

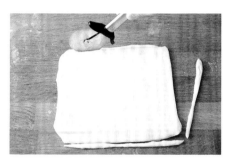

依照p.65的作法製作丹麥麵團，撒上手粉（額外分量），用桿麵棍推壓出邊長18㎝的正方形，切掉邊緣。

4

在麵團中間依序擠上白醬，放上培根、馬鈴薯、起司粉、迷迭香。

2 分割

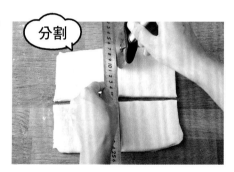

用刮刀壓出痕跡，平均切出4個正方形。

5 發酵

靜置20分鐘。

3 成形

麵團放入烤盤，將對角折在一起，輕輕按壓中間。

6 烘烤

 烤吐司機
需預熱，1200W烤12分鐘。
麵團很容易烤焦，所以要在途中蓋一張鋁箔紙。

 烤箱
需預熱，200度烤15分鐘。

麵團作法的「直接法」和「中種法」是什麼意思呢？

烘焙小教室

本書介紹的麵團，主要是以直接法製作。所謂的直接法，是指一次揉捏完成的製作方法。

另一方面，將同樣的材料分成2次揉捏的作法，稱為中種法。直到麵團製作完成，最少需要2天的時間，這個作法可以烤出很鬆軟的麵包。以中種法製作的麵團，烘烤後老化的速度較慢，可以保存得很好。

中種麵團的製作重點在於只能用高筋麵粉、酵母、水進行發酵。這個階段不加鹽巴，所以對酵母來說是充滿飼料的環境，是進行發酵的絕佳狀態，可以製作出麩質黏性很強的麵團！只要將中種麵團混入主麵團（製作第二天的麵團），就能夠做出像麵包店販售的蓬鬆麵包（請參照p.102～105）。

每天將中種麵團重新搓圓一次，就能在冰箱裡保存2～3天。不過麵團會在第二天加速發酵，因此還請注意是否過度發酵了。中種麵團也可以冷凍保存。熟悉作法後，請試著用來製作各式各樣的麵包吧。

中種法，與主麵團混合的麵團

直接法做成的麵團

發酵後的膨脹狀況各不相同

Part 4

如米飯一般的
主食麵包

全麥麵包

搭配食材豐富的西班牙蒜蝦

‖ *maiko's point!* ‖

只要將1/4的麵粉
改成全麥麵粉，
就能做出風味十足
的麵包。

材料（12個）

A | 高筋麵粉 … 150g
全麥麵粉 … 50g
鹽 … 3g
砂糖 … 10g

B | 牛奶 … 40g
水 … 100g
速發乾酵母 … 2g

C | 奶油 … 10g

全麥麵粉麵團

with these

依照基本麵團（p.13～16）的作法製作

1 〔分割〕

取出半份麵團，分成6等分。

2 〔成形〕

切口朝上，由前往後對半折。接著用手將重疊的部分壓緊。由後往前捲，將麵團對折。

3

用中指將麵團由後往前捲進去。將麵團旋轉90度後對半折，以同樣的方式操作。重複 **2** 和 **3** 各3次。

4

用手指捏緊接合口。

5 〔發酵〕

收口朝下，放入烤盤，用大碗蓋住麵團，靜置15分鐘。剩下的麵團以同樣的方式製作。

6 〔烘烤〕

 烤吐司機
無須預熱，1200W
烤7分鐘。

 烤箱
需預熱，180度烤
15分鐘。

食材豐富的
西班牙蒜蝦

材料（4人份）

A | 蝦子 … 6隻
混合海鮮食材
　… 100g
蛤蜊（已吐沙）
　… 150g
辣椒 … 1根
蒜頭 … 1片
橄欖油 … 適量

1 將 **A** 倒入鍋中，橄欖油加到食材稍微露出來的量。

2 打開小火，加熱至蛤蜊開殼為止。

3 如果不夠鹹，再額外加多一點鹽。

黑麥麵包
搭配酪梨沙拉

以優格代替
牛奶，使麵包
更加滑潤。

材料（6個）

A 高筋麵粉 … 150g
黑麥麵粉 … 10g
鹽 … 3g
砂糖 … 10g

B 原味優格 … 40g
水 … 100g
速發乾酵母 … 2g

黑麥麵團

with these

依照基本麵團（p.13～16）
的作法製作（不加奶油）

1 分割

取出半份麵團，分成3等
分。

2 成形

切口朝上，用手將麵團壓成
長方形。

3

將上下兩側的長邊往內彎
折。

4

捏緊接合口，將麵團來回滾
動，滾成細長形。

5 發酵

收口朝下，放入烤盤，接著
用大碗蓋住麵團，靜置15
分鐘。剩下的麵團也用相同
的方式製作。

6 烘烤

烤吐司機
無須預熱，1200W烤7分鐘。

烤箱
需預熱，180度烤15分鐘。

平底鍋
蓋上蓋子並以大火加熱30
秒，熄火等15分鐘，兩面各
烤7分鐘。

酪梨沙拉

材料（4人份）

酪梨（切成易入口的形狀）
　… 1個
水煮蛋（切成易入口的形狀）
　… 1個
花椰菜（水煮）
　… 120g

A 美乃滋 … 2大匙
橄欖油 … 1大匙
檸檬汁 … 1小匙
番茄醬 … 1大匙
鹽、醬油 … 各適量

1 在大碗中放入酪梨和花椰菜。

2 將 A 攪拌混合，拌入 1，最後
用鹽巴和醬油調味。

3 裝入盤中，放上水煮蛋。

米飯麵包
搭配豬肉蔬菜味噌湯

Maiko's point!!

Q彈的口感
和日式料理好搭！

增添米飯中
澱粉的甜味。

加入米飯，做出更溼潤的口感！

米飯紅豆麵包

Maiko's Point!

壓緊麵團，
讓紅豆餡與麵團
緊密貼合！

慢慢進行
二次發酵，
不然紅豆餡
會溢出來。

米飯麵包 搭配
豬肉蔬菜味噌湯

飯不要搗碎

with these!

材料（12個）

A		B		B	
高筋麵粉 … 200g		米飯 … 50g		速發乾酵母 … 2g	
砂糖 … 14g		水 … 90g		（酵母溶於牛奶和水中，加入米飯）	
鹽 … 3g		牛奶 … 50g			

依照基本麵團（p.13～16）
的作法製作（不加奶油）

1 分割

取出半份麵團，分成6等分。

2 成形

切口朝上，由前往後捲進去，再對半折。

3

將麵團旋轉90度，再次由前往後捲。重複操作3次。

4

用手指捏緊接合口。→使用平底鍋：請跳至 **6**

5 發酵

收口朝下，將麵團擺在烤盤上，靜置20分鐘。剩下的麵團也用相同的方式製作。

6 烘烤

烤吐司機
無須預熱，1200W烤7分鐘。

烤箱
預熱，180度烤15分鐘。

平底鍋
收口朝下，放入鍋內。蓋上蓋子，以大火加熱30秒，熄火並等15分鐘，兩面各烤7分鐘。

豬肉蔬菜味噌湯

材料（4人份）

五花肉薄片 … 100g
胡蘿蔔 … ½根
馬鈴薯 … 1個
蒟蒻 … ½片
油豆腐 … 1片
味噌 … 2大匙
白芝麻醬 … 1大匙
水 … 約500g
蔥（切花）… 適量
七味粉 … 適量
胡麻油 … 適量

1 將胡麻油倒入鍋中加熱，食材切成容易入口的形狀，拌炒豬肉、胡蘿蔔、馬鈴薯、油豆腐。

2 將水加至大約蓋住食材的高度。

3 食材煮熟後轉小火，將表面的浮油撈起來，直到蔬菜煮透。

4 加入味噌和白芝麻醬，最後裝入碗中並撒上蔥花和七味粉。

米飯紅豆麵包

材料（8個）

麵團
左頁米飯麵包的麵團
…200g

| 紅豆餡（市售）…30g／1個

with these!

|| *maiko's point!!* ||

用手指壓緊，
做出塞滿紅豆餡的
美味紅豆麵包。

1 分割

取出半份麵團，分成4等分。

4

收口朝下放入烤盤（或平底鍋），手指沾取手粉，在中間壓出一個深深的凹洞。 →使用平底鍋：請跳至**6**

2 成形

切口朝上，用手壓平後，放上紅豆餡。

5 發酵

等待20分鐘左右。剩下的麵團以同樣的方式製作。

3

將麵團拉開，一邊延展一邊包住紅豆餡。用手指捏緊接合口。

6 烘烤

烤吐司機
無須預熱，1200W烤10分鐘。

烤箱
需預熱，180度烤15分鐘。

平底鍋
蓋上蓋子，以大火加熱30秒，熄火並等15分鐘，兩面各烤7分鐘。

豆腐手撕麵包
搭配煙燻魷魚沙拉

‖ Maiko's Point! ‖

雖然分成小塊有點麻煩，
但成果擺起來
卻非常可愛喔！
加油！

材料（1個）

A | 高筋麵粉 … 200g
　 | 砂糖 … 14g
　 | 鹽 … 3g
　 | 嫩豆腐 … 130g

B | 豆漿 … 20g
　 | 速發乾酵母 … 2g

豆腐麵團

with these

依照基本麵團（p.13～16）
的作法製作（不加奶油）

1 分割

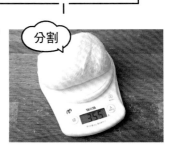

量出麵團的重量，算出分成
16等分時每等分的重量。
（範例中每等分約22g）。

2 成形

這種方式
只需分割幾次，
就能簡單切出
一樣的大小。

接著以刮板將麵團切成W
字形，並留下割痕，然後拉
成長條狀。

3

將每一份麵團量至22g，
分成16等分。

4

搓成和小餐包（p.51）一
樣的圓形。

5 發酵

在直徑20cm的平底鍋上，
鋪上一張表面經過加工的鋁
箔紙，並將16個麵團塞滿
平底鍋。

6 烘烤

 平底鍋
蓋上蓋子，以大火加熱
30秒，熄火並等20分
鐘，兩面各烤7分鐘。

煙燻魷魚沙拉

材料（4人份）

煙燻魷魚 … 60g
西洋芹（切薄片）… 1根
蘿蔔嬰 … 1包
紅葉萵苣（切碎）… 5片
油 … 適量

1 將所有食材倒入一個大碗
中，確實攪拌入味後，放
入冰箱冷藏一個晚上。

豆腐餡餅麵包

起司與日式食材的
絕妙搭配，
餡餅中的極品！

材料（8個）

A | 高筋麵粉 … 200 g
　 | 嫩豆腐 … 130 g
　 | 砂糖 … 14 g
　 | 鹽 … 3 g

B | 豆漿 … 20 g
　 | 速發乾酵母 … 2 g

C | 奶油乳酪
　 | 　… ½個（約10g）/1個
　 | 珠蔥（切花）… 1大匙
　 | 柴魚片 … 1小匙
　 | 醬油 … 1小匙
　 | 炒白芝麻 … 適量

with these

依照基本麵團（p.13～16）的作法製作（不加奶油）

1 分割

取出半份麵團，分成4等分。

2 成形

切口朝上並用手壓平，將混合好的 C 放於麵團中央。

3

拉開並延展麵團，將內餡包起來。

4

> 如果芝麻黏不上去，請稍微沾溼麵團表面。

捏緊接合口，將麵團放入裝了芝麻的盤子裡，滾一滾以沾滿白芝麻。

5 發酵

將麵團放入平底鍋，蓋上蓋子後以大火加熱30秒，熄火後等15分鐘。

6 烘烤

 平底鍋
完成二次發酵後，蓋上蓋子，兩面各烤7分鐘。

教教我吧
麻衣子老師

麵包店的專業烘焙密技

建議事先了解的材料

by cotta

熟悉作法之後，也可以練習改造油脂或酥皮，
或者嘗試改變配料與餡料的食材內容，
你就能做出更高級的麵包喔！
這裡將介紹日本的烘焙材料網 cotta 所販售的食材。

※食材資訊為2020年8月的資料。

日本超人氣烘焙材料
網 cotta，隨時都能
買到烘焙食材
https://recipe.co
tta.jp/

油脂類

酪乳粉

酪乳粉以優質的牛奶為原料，濃縮
酪乳並乾燥而成。麵包在加入酪乳
粉後，會變得更鬆軟，烘烤效果和
香味更加分，非常推薦。酪乳粉具
有耐保存且不挑保存場所的特性，
這是它的魅力所在，值得一試！

大豆脂肪抹醬（大豆奶油）

比起以牛奶為原料的奶油，大豆奶
油更清爽。沒有特殊氣味，用起來
相當方便，對牛奶過敏的人也能安
心使用。

酥皮

冷凍奶油酥皮

奶油酥皮使用北海道產奶油製成，
擁有豐富的味道。將奶油折入麵團
中，可以做出蓬鬆的丹麥麵包。

冷凍酥皮

本書介紹的丹麥麵團中有使用冷凍
酥皮，可以輕鬆做出專業的丹麥麵
包。超市裡也有販售，也能找到帶
有香味的酥皮。烘焙材料店裡可以
買得到便宜的好貨。

巧克力大理石片

搭配麵團一起使用，輕鬆做出專業
的大理石巧克力麵包。可扭轉或纏
繞巧克力大理石片，體驗形塑各種
形狀的樂趣，請一定要嘗試看看。

加強烘烤色澤

糖蜜

將甘蔗汁煮乾後，濃縮製成糖蜜。在
水煮貝果時加入糖蜜，做出更特別的
貝果。糖蜜還能當作黑糖的替代品，
用來製作黑糖麵包。

麥芽精

含有麥芽和酵素，可用於製作吐司和
法國麵包。麥芽精能增添烘烤的顏
色，加強麵粉的味道。本書以液態鹽
麴替代，希望達到麥芽精的效果。

配料

開心果（切碎）

只要撒在丹麥麵包或甜麵包上，就能烤出外型可愛的麵包。堅果類可以冷凍保存，是很方便的食材。

罌粟籽

在紅豆麵包或自製酵母麵包的表面鋪滿罌粟籽，麵包的外型瞬間變得好專業。罌粟籽的體積不大，可放在冷凍庫裡預備，相當方便。

玉米粉

將玉米粉鋪在圓麵包表面，可以做出英式瑪芬。多餘的玉米粉可用來延展披薩，或是多花一些時間煮一煮，加入麵團後也很好吃。

Maiko's Point !

我超愛
吃這個！（笑）

餡料

冷凍大納言蜜紅豆

優質的大納言紅豆煮得軟嫩飽滿，極致的甜味是一大特色。可以加進隨切隨烤麵包，或是捲入肉桂捲。

果醬丁

將果醬丁混入麵團中，烘烤後會融化成果醬。拌入隨切隨烤麵包，甜點麵包輕鬆完成。日本市面上有販售多種口味的果醬丁，請選擇自己喜歡的味道。另外也有蜂蜜製成的果醬丁喔。

巧克力棒

烘焙專用巧克力棒。棒狀造型適合用來捲入麵團，烘烤時也不會融化。可以做出超好吃的巧克力牛角麵包！本書使用的是超市販售的巧克力片。

草莓粉

用冷凍乾燥水果粉充分展現麵包的美味。拌入麵團之後，就能做出香氣十足的粉色麵包。也很適合節慶使用喔。

覆盆莓果泥

果泥的顏色鮮豔，具有清爽的酸味。加入麵團可以做出顏色好看又香氣四溢的麵包。

Q <u>我想用市售食材
改造麵包</u>

A 中間夾著卡斯特拉蛋糕，
享受雙層口感！

改造市售食品！

卡斯特拉麵包

‖ Maiko's Point! ‖

如果想增加甜味，
推薦卡斯特拉蛋糕。
只要夾一層
喜歡的果醬就行啦！

材料（1個）

麵團
鮮奶油吐司麵團（請參照p.107）
… 一半分量

卡斯特拉蛋糕（市售）… 2片
喜歡的果醬… 適量
（範例使用藍莓果醬）

with these

---

1 成形

在發酵後的麵團上切出4等分的割痕，送入烘烤。

2 烘烤

🔲 **烤吐司機**
無須預熱，1200W烤7分鐘。

🔲 **烤箱**
需預熱，180度烤15分鐘。

3

將烤好的麵團上下切半。

4

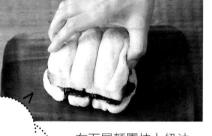

在下層麵團抹上奶油，放上卡斯特拉蛋糕，再用上層麵團蓋起來。

‖ *Maiko's Point!* ‖

用保鮮膜包住，讓麵包更加溼潤。

‖ *Maiko's Point!* ‖

使用基本麵團（p.13～16）或是甜麵團（p.46～47）也很好吃！

Q 臨時得準備小孩的點心，該怎麼辦……？

A 用微波爐軟化一口羊羹，做出濃稠的紅豆沙！

maiko's point！

羊羹淋在麵包上，摸起來也不會黏黏的喔！

加入市售食品！

羊羹麵包

材料（8個）

圓麵包（請參照p.31）
… 8個

一口羊羹 … 50g
水 … 5g
鮮奶油（市售）… 適量

with these

1  先在碗中加入水和羊羹，接著用微波爐（500W）加熱5秒，觀察情況，並加熱2次。

2  將 **1** 淋在圓麵包上，等待紅豆沙凝固。

3 直直地切開麵團中間，擠上鮮奶油。

Q 如何輕鬆做出濃郁豐富的風味？

A 只要用冰淇淋代替牛奶，就能做出專業的甜點麵包！

‖ Maiko's Point!! ‖

選擇富含脂肪且濃郁的高級冰淇淋，麵包會更蓬鬆。

加入市售食品！

用平底鍋製作 冰淇淋麵包

材料（6個）

高筋麵粉 … 100g 鹽 … 1g	杯裝冰淇淋（香草、巧克力、草莓，置於室溫融化）… 各50g	水 … 20g 速發乾酵母 … 1g

with these

---

1 成形

首先依照基本麵團（p.13～16）的作法混合食材，做出3種麵團（香草、巧克力、草莓）。

2

將每一種麵團分成2等分，切口朝上，由前往後對半折。

3

用手指捏一捏收口，將麵團整成橢圓形。

4 烘烤 （請參照p.18）

  平底鍋

蓋上蓋子並以大火加熱30秒，熄火並等15分鐘，兩面各烤7分鐘。

將冰淇淋棒插入烤好的麵團中，接著在巧克力口味的麵包上，淋上額外分量的巧克力。

教教我吧
麻衣子老師

Q 還剩下一些麵包，該怎麼處理好呢？

A 那就改造成
飯店裡的早餐吧！

剩餘麵包大改造！

法式吐司

材料（方便製作的分量）

喜歡的麵包 … 適量
牛奶 … 100g
雞蛋 … 1個
砂糖 … 30g

1 在碗中混合牛奶和雞蛋，放入麵包浸泡。

2 用平底鍋將麵包兩面煎至焦脆，同時撒上砂糖。

Q 還剩下一些麵包，該怎麼處理好呢？

A 做成方便保存的點心，
不僅可當茶點，還能作為禮物！

剩餘麵包大改造！

巧克力麵包乾

材料（方便製作的分量）

| 隨切隨烤麵包 … 6個 | 可可粉 … 3g |
| 巧克力片（切碎）… 1片 | 牛奶（或鮮奶油）… 50g |

1 將麵包切成一口的大小。

2  在調理盆中加入巧克力、可可粉、牛奶，用微波爐（500W）加熱至融化（軟化的巧克力，可留在刮刀上且不會回流）。

3  加入麵包 **2** 並攪拌入味，讓麵包吸收巧克力醬。

4  在烤盤上鋪一張鋁箔紙，放入預熱好的烤箱，以150度烘烤40～50分鐘。接著將麵團靜置於烤箱內，直到放涼為止。

教教我吧
麻衣子老師

Q 好想吃包著滿滿巧克力的麵包

A 用麵團包住巧克力片，再烤一烤就行了！

非烘焙專用也OK

巧克力麵包

‖ Maiko's Point! ‖

市售的小塊
巧克力很方便，
請依個人喜好
調整巧克力的用量。

加入很多巧克力
也沒問題！
固態造型包起來
非常方便。

材料（4個）

麵團
甜麵團（請參照p.46～47）… 一半分量

巧克力片 … 2片／1塊

---

1 分割

甜麵團分成4等分。

2 成形

將巧克力放在麵團中間，接著捏緊周圍的麵團，整成圓形。

3

用手指捏緊接合口。
→使用平底鍋：請跳至 **5**

4 發酵

將麵團放入烤盤，等20分鐘。

5 烘烤（請參照p.18）

 烤吐司機
無須預熱，1200W烤7分鐘。

 烤箱
需預熱，180度烤15分鐘。

 平底鍋
蓋上蓋子，以大火加熱30秒，熄火並等15分鐘，兩面各烤7分鐘。

Part 5

熟悉烘焙技巧後

更加
隨心所欲

在家挑戰
10款麵包烘焙

利用磅蛋糕烤模製作山形吐司

基本吐司

‖ maiko's point ‖

麵團會愈捏
愈鬆軟喔！

‖ maiko's point ‖

早餐端上桌，
大人小孩都開心！

材料（8×18×6cm的磅蛋糕烤模1個）

A	高筋麵粉 … 200g	B	牛奶 … 70g
	鹽 … 3g		水 … 70g
	砂糖 … 14g		乾酵母 … 3g
		C	奶油 … 20g

with these

1

依照基本麵團（p.13～16）的技巧，用上面的配方製作麵團。

2

從冰箱取出麵團，用計重秤測量，將麵團分成4等分。

3

接著在桌上撒手粉（額外分量），麵團切口朝上，由前往後對折。旋轉90度後，再對折一次。重複這個動作操作3次。

4

手指捏緊接合口，麵團收口朝下，放入磅蛋糕烤模中。

5

（發酵）

約1小時（依季節調整）

用浴帽包住，等待麵團發酵，直到麵團凸出烤模。

6

（烘烤）

烤箱
需預熱，180度烤30分鐘。

Item!

吐司麵包的好幫手

磅蛋糕烤模

磅蛋糕烤模
細長磅蛋糕烤模（小）
鐵氟龍不沾塗層18cm（貝印）

金屬製吐司烤模
松永製作所

雖然烘烤正規的吐司麵包時需要使用吐司麵包的烤模，但其實磅蛋糕的烤模也可以烤得很好。建議新手使用有氟素樹脂加工的烤模，麵團比較不容易沾黏。如果要使用金屬製烤模，請在烘烤前鋪上一張烘焙紙。

混合發酵能力強的麵團，適合進階學習者

中種吐司

maiko's point!

回購率超高！

maiko's point!

利用中種的
發酵力，
維持鬆軟口感！

材料（8×18×6㎝的磅蛋糕烤模1個）

（ 第1天　中種麵團 ）　（ 第2天　主麵團 ）

高筋麵粉 … 100g	A	高筋麵粉 … 100g	中種麵團	B	牛奶 … 70g
水 … 70g		鹽 … 3g	（作法請參照下方說明）		速發乾酵母 … 1g
速發乾酵母 … 1g		砂糖 … 14g		C	奶油 … 20g

with these

第1天　製作中種麵團

1

將酵母倒入水中溶解。

2

在調理盆中加入高筋麵粉，混入 **1**，用橡膠刮刀仔細攪拌均勻。

3

在保鮮盒內側和蓋子上塗一層油，放入麵團。

4 發酵

蓋上蓋子後並放入冰箱，靜置8小時以上。

maiko's point!

雖然使用的材料和基本吐司一樣，但只要多一道手續，就能讓吐司變得更鬆軟。

第2天　主麵團

1

將酵母倒入牛奶中溶解。

2

在調理盆中加入高筋麵粉、砂糖、鹽巴，用刮刀仔細攪拌均勻。

3

撕開中種麵粉，放入調理盆。

4

加入 **1** 的牛奶，用刮刀仔細攪拌，將麵團整成一塊，用手將材料揉捏均勻。

5

將麵團對折，並用拳頭按壓。左手轉動調理盆，重複動作。

6

加入奶油，以抓握的方式仔細混合麵團。

7

發酵

在保鮮盒中塗上一層薄薄的油，將麵團放入盒中，置於室溫1小時以上。

8

麵團膨脹放大好幾倍，就代表發酵完成了。

9 （成形）

用料理秤測量麵團的重量，分成4等分。

10

切口朝上，折疊前面和後面。其他3塊也以相同方式處理。

11

用桿麵棍將麵團延展至12cm長。

12

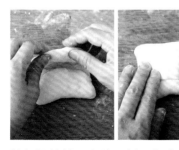

將麵團的前面和後面折疊起來。

13

將麵團旋轉90度，由後往前對半折，手指捏緊接合口。其他3塊也以相同方式處理。

14

收口朝下，放入磅蛋糕烤模，總共塞入4塊麵團。

15 （發酵）

用浴帽罩住麵團，等待發酵至稍微凸出烤模。（照片為已發酵的狀態）

16 （烘烤）

 烤箱
需預熱，180度烤30分鐘

加入鮮奶油再烘烤

鮮奶油吐司

烤出濃郁的
好味道！

|| Maiko's point!||

鬆鬆軟軟的
高級吐司！
可以直接享用，
也可以切成吐司！

材料（8×18×6㎝的磅蛋糕烤模一個）

A | 高筋麵粉 … 150g
　 | 低筋麵粉 … 50g
　 | 鹽 … 3g
　 | 砂糖 … 25g

B | 水 … 100g
　 | 鮮奶油 … 40g
　 | 速發乾酵母 … 3g
C | 奶油 … 20g

with these

1

依照基本麵團（p.13〜16）技巧，用上面的配方製作麵團。

2 成形

延展出寬度稍寬的長方形。

用桿麵棍延展出寬度稍寬的長方形。

3

從前面開始滾動麵團，並壓緊收口。

4

保留1㎝不切，用刮板切出倒V的形狀，接著扭轉麵團的兩端，整出麵包的形狀，並放入磅蛋糕烤模。

5 發酵

用浴帽罩住，等待麵團發酵至稍微凸出烤模。

6 烘烤

🔲 **烤箱**
需預熱，180度烤30分鐘

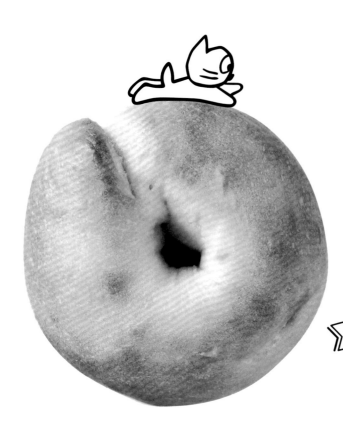

2種基本麵團貝果＆豆腐麵團大改造

貝果

煮一煮麵團，
做出有嚼勁的
貝果口感！

如果覺得很難烤出
表面平滑的麵包，
推薦你做看看
起司貝果喔！

材料（5個）

A │ 高筋麵粉 … 200g
　│ 鹽 … 3g
　│ 砂糖 … 14g

B │ 牛奶 … 60g
　│ 水 … 50g
　│ 速發乾酵母 … 2g

with these

1 發酵

依照基本麵團（p.13～16）的技巧，用上面的配方製作麵團。接著蓋上浴帽，靜置10～15分鐘。

‖ maiko's point!! ‖

貝果麵團的水分較少，
如果揉一揉之後
麵團變硬了，
請在製作途中
靜置 10 ～ 15 分鐘。

2 成形

用刮板將麵團分成5等分。

4

用調理盆蓋住麵團，靜置5分鐘。

3

切口朝上並用手壓平，由前往後滾，將麵團捲起來。

5

收口朝上並用手壓平，依照 **3** 的作法，將麵團捲起來。

澱粉和水混合加熱會發生糊化（α化），可以做出很有嚼勁的Q彈麵團。

麵團下水煮時，只要加入蜂蜜就能做出麵團表層的糖衣。

6

成形

兩手交疊，由前而後用力將麵團滾成棒狀。手拉回來的時候要減輕力道。

9

在1.5ℓ的熱水中加入2大匙（額外分量）的蜂蜜，將 8 的麵團收口朝上放入鍋中，兩面各燙1分鐘。

7

接著壓住麵團的其中一端，將厚度壓至2㎝。將另一端的麵團往內繞後疊在上面，整出一個圓形。

10

使用平底鍋：請前往 11
在烤盤上鋪一張鋁箔紙，放入貝果。

8

發酵

塗上一層薄薄的油，放入保鮮盒並蓋上蓋子，在冰箱靜置8小時以上。

11

烘烤

烤吐司機
無須預熱，1200W烤15分鐘。

烤箱
需預熱，200度烤20分鐘。

平底鍋
蓋上蓋子，大火加熱30秒，熄火並停等15分鐘，兩面各烤7分鐘。

為Q彈的麵團增添爽脆口感

核桃貝果

材料（5個）

p.109麵團 … 全部分量
核桃 … 適量

1 在麵團中加入核桃，再用刮板將麵團切成2等分，並疊在一起，再切成2等分並相疊。使用千層酥攪拌法（請參照p.22），重複操作數次。

2 將核桃和入整個麵團，用拳頭揉壓，將麵團整成一大塊。

3 蓋上浴帽，靜置10～12分鐘，進入p.109～110的 **2**～**11**步驟。

沒想到只是多加起司、就能這麼豐盛！

起司貝果

材料（5個）

p.109麵團 … 全部分量
披薩專用乳酪絲 … 10g/1個
粗粒黑胡椒 … 少量

依照p.109～110的步驟 **1**～**9** 製作麵團，撒上乳酪絲和黑胡椒，再依照 **10**、**11** 的方式烘烤。

品嚐豆腐的甜味

豆腐貝果

Maiko's Point!

充滿豆腐的
健康貝果

材料（5個）

A	高筋麵粉 … 200g	B	嫩豆腐 … 200g
	鹽 … 3g		速發乾酵母 … 2g
	砂糖 … 14g		

with these

用手將材料攪拌均勻，接著進行 p.109～110的步驟 **2**～**11**。

‖ maiko's point ‖

不需要攪拌用水，
只要在豆腐中
加入酵母就好！

在豆腐中加入酵母，用湯匙壓碎攪拌均勻。

在調理盆中加入 **A**，用刮刀攪拌，接著倒入 **1**。

Q 我想在戶外烤麵包，
有辦法做到嗎？

A 在陽台或庭院可以使用電烤盤，
如果是露營區，可在爐子上使用加蓋平底鍋。

戶外烤麵包！

蝸牛麵包

戶外最適合烤
造型簡單的麵包！

材料（8個）

麵團
基本麵團（請參照p.13〜16）… 一半分量

培根 … 2片
披薩專用乳酪絲 … 30g

with these

1

用桿麵棍將半份基本麵團推壓至15〜16cm的長度。

2

將培根切成10cm長，放在麵團前方⅔處，並撒上乳酪絲。

3

從前面開始滾麵團，手指捏緊接合口。

4

將麵團切成圓筒狀，分成8等分。

5 （發酵）

保持原狀，靜置15分鐘。

6 （烘烤）

在電烤盤上蓋上蓋子，兩面各烤7分鐘。

Item!

戶外烤麵包
麵團怎麼攜帶才方便？

塑膠袋是好幫手！

在食品專用塑膠袋中加油，仔細搓揉袋子，將油均勻塗抹於內側。靜置一晚後再放入麵團，擠出空氣並打結。

●攜帶麵團時，請務必使用保冷劑。

熟悉烘焙技巧後，歡迎嘗試看看！

在家也能動手做！
自製酵母液

‖ maiko's point!! ‖

這裡將為你介紹
如何用葡萄乾製作酵母液，
也可以用蘋果皮或蘋果籽當食材喔。
我在範例裡用了水果與蔬菜的皮，
而且用寶特瓶當容器，
所以就命名為麻衣子流的
「小氣節儉酵母」。
聽了應該會很想親自做看看吧？
培養酵母的過程中，
酵母每天都會變化 相當好玩，
很多人還因此做上癮了呢。

材料（容易製作的分量）

水 … 適量

葡萄乾（或是蘋果皮、蘋果籽）… 寶特瓶 ¼ 的量

1

準備一個原本裝汽水、比較硬的寶特瓶，加入葡萄乾，再倒入水到大約⅔的高度。

2

蓋上瓶蓋，靜置於室溫。

3

一天2次，打開蓋子讓少許空氣進入瓶中，然後蓋上瓶蓋，用力搖一搖。

4

第2天的樣子。水面會出現細小的氣泡。

5

第3天的樣子。如照片所示，食材開始往上飄。瓶底會出現白色的濃稠物，打開瓶蓋後，氣泡會噴出來。這就代表酵母很有活力，可當作酵母液。

自製酵母液的製作要點

自製酵母液的使用方法

自製酵母液稱為「液種」，要與攪拌用水一起使用。液種和水（牛奶）的比例，請調配成1：1或1：2。

「少量酵母」的使用方法

這裡介紹的自製酵母液搭配乾酵母的作法，可做出不容易失敗的麵包。我將這兩種材料組合稱為「少量酵母」。乾酵母能發揮膨脹的功能，酵母液則負責提味。不同的水果皮或水果籽，可以做出不一樣的風味。如同在調味料中多加一點其他材料一樣，加入一點點酵母液就能烤出更美味的麵包。

最適合發酵的溫度是多少？

30度左右是適合酵母繁殖的溫度。夏季時期很容易養到發霉，需要放在陰涼的場所管理。若是置於氣溫20度左右的場所，大約5天就完成了。冬季時期則需要多一點幫手，這時可將酵母液放在熱水器附近或冰箱上方；可維持固定溫度（27度）的優格機，也能夠穩定增加酵母。

保存方式

發酵速度會依環境和使用材料而改變，最快大概3天，最慢約5天會完成發酵。完成後，請儘量先過濾一次，再將純液體倒回寶特瓶，放在冰箱冷藏保存，這樣大約可以使用1個月。酵母在冷藏的狀態下依然能存活，所以請一天打開瓶蓋1次。放冷凍也沒問題，將酵母液倒入製冰盒凝固，需要使用時再倒入攪拌用水中溶解就行了。

Challenge 7

高難度法國麵包迸發更豐富的風味

自製酵母
法國麵包

∥ Maiko's Point ∥

自製酵母搭配鹽麴
堪稱意想不到的組合，
可以做出專業的風味

材料（3條）

A	高筋麵粉 … 150g	B	液態鹽麴※ … 20g
	低筋麵粉 … 50g		液種、水 … 各60g
	砂糖 … 10g		（如果沒有液種，則使用120g的水）
			速發乾酵母 … 2g

with these

※ 這裡使用日本品牌 Hanamaruki 的液態鹽麴，鹽分濃度為12％。使用其他品牌的液態鹽麴時，請計算出鹽分的含量。

1

在大碗中依序加入水、液種、酵母，並溶解酵母。

‖ maiko's point! ‖

使用法國麵包專用麵粉，例如日清牌的百合花麵粉（Lys D'or），便能做出專業的麵包。

2

在調理盆中加入 A，用刮刀仔細攪拌均勻。

3

在 1 的攪拌用水中，倒入液態鹽麴並攪拌混合。

4

在 2 中加入 3，用刮刀攪拌，將麵團整成一塊，並放入保鮮盒。

5 發酵

蓋上保鮮盒的蓋子，放在冰箱靜置8小時以上。

6

在發酵後的麵粉上撒手粉（額外分量）。

7 分割

取出麵團,橫切成3等分。

8 成形

麵團背面朝上,先將後面的麵團往中間折進去,再將前面的麵團往中間折。

9

接合口朝向前方,手指用力壓緊麵團。

10

手指捏緊收口。

11 發酵

放入烤盤,靜置15～20分鐘。

12

麵團中央縱切深5mm的裂紋(coupe),用噴水器噴3次水。

> 裂紋可以讓麵團中的水分蒸發,烤出更輕盈的麵包。
>
> maiko's point!!

13 烘烤

 烤箱
需預熱,200度烤15分鐘。

 烤吐司機
無須預熱,1200W烤12分鐘。

Hint!

液態鹽麴

液態鹽麴除了可利用酵素分解麵粉,並帶出風味之外,還能作為麥芽的替代品,烤出麵包的焦色和光澤。此外,攪拌用水需要等到酵母溶解後再加入。如果是使用非液態的鹽麴,則需要加入更多攪拌用水。加入鹽麴後,酵素就會開始分解,所以麵團在冰箱裡發酵後,請儘快開始烘烤。

主角感超強、手撕麵包獨享美味

自製酵母
肉桂螺絲麵包

|| maiko's point.1 ||

加入米穀粉，
烤出輕盈的
麵包！

材料（2條）

A | 高筋麵粉 … 180g
米穀粉 … 20g
砂糖 … 30g

B | 液態鹽麴 … 20g
液種、水 … 各20g
牛奶 … 80g
乾酵母 … 2g

肉桂糖粉 … 適量
奶油 … 適量

with these

1

依照p.120步驟 **1**～**6** 的要點，用上面的配方製作麵團。

2 分割 成形

取出半份麵團，切口朝上，用桿麵棍推出接近但小於30cm的長度。

3

將麵團橫放，在中間撒上肉桂糖粉，前方放上切細的乳酪絲。

4

由前面開始捲成棒狀，左右兩端往反方向扭轉。其餘的麵團也用同樣的方式製作。

5 發酵

將麵團彎成逆S字形，放入烤盤並靜置15～20分鐘。

6 烘烤

 烤吐司機
無須預熱，1200W烤15分鐘

 烤箱
需預熱，200度烤15分鐘

果乾和核桃滿載的王道麵包！

自製酵母
無花果&核桃的鄉村麵包

Maiko's Point!

用同一種麵團
做出2種
不一樣的麵包！

challenge
10

富含膳食纖維的優質早餐！

自製酵母
穀麥麵包

材料（2個鄉村麵包、3個穀麥麵包）

A | 高筋麵粉 … 170g
全麥麵粉 … 30g
砂糖 … 10g

B | 液態鹽麴 … 20g
液種、水 … 各60g
（如果沒有液種，則使用120g的水）
乾酵母 … 2g

無花果 … 40g
烤核桃 … 40g

with these!

製作2種麵團

1

依照p.120步驟 **1〜4** 的要點，將麵團整成一大塊。

2
倒入切碎的核桃和無花果，接著用刮板將麵團切成2等分，並疊在一起。重複操作，仔細將核桃和無花果融入麵團。（請參照p.22）

3
將麵團整成一大塊，放入保鮮盒並蓋上蓋子。在冰箱靜置8小時以上。

4

等待麵團膨脹1.5〜2倍。

無花果＆核桃鄉村麵包

5 成形

取出一半分量的麵團。

6

上下翻面，將麵團的前後都往中間折。

7

再由前往後對折，將前面的麵團拉緊，並往後捲進去。

8 發酵

手指捏一捏接合口，收口朝下放入烤盤，靜置15〜20分鐘。

9

用刀子橫切數條深度5mm的裂紋。其餘的麵團也用同樣的方式製作。

10 烘烤

 烤吐司機
無須預熱，1200W烤20分鐘。
很容易烤焦，中途需要蓋上鋁箔紙。

 烤箱
需預熱，200度烤20分鐘。

材料（3個）

無花果＆核桃鄉村麵包
　的麵團（請參照p.126）… 一半分量
穀麥 … 適量
奶油乳酪 … 適量

with these

| 穀麥麵包 |

5 成形

半份麵團切成3等分的三角形。

|| maiko's point !!

使用 p.126的
半份麵團！

6

切口朝上，用手壓平麵團。

7

將奶油乳酪放在麵團中央，朝中間折
疊並整成圓形，用手指貼緊接合口。

8 發酵

在麵團上沾滿穀麥，放入烤盤並靜置
15〜20分鐘。

9

用廚房剪刀在麵團上方剪出一個切
口。

10 烘烤

 烤吐司機
無須預熱，1200W烤15分
鐘。
很容易烤焦，需要在烘烤途中
蓋上鋁箔紙。

 烤箱
需預熱，200度烤15分鐘。

「自宅烘焙」研究家

吉永麻衣子

來自兵庫縣寶塚市。自聖心女子大學畢業後，於2003年進入一般企業工作。擁有成立法人、經營戰略、創建新事業的相關經歷，隨後進入烘焙的世界。曾擔任專門學校的講師，成立咖啡廚房和日本VOGUE社的HAPPY COOKING課程，並開始在家中開設烘焙教室，致力推廣「忙碌的媽媽也能每天烤麵包」的理念而深受好評。現在與講師、企業共同開發新食譜，不僅為雜誌提供食譜，也撰寫專欄、出版書籍，更透過cotta、IG等直播方式推出大受歡迎的影片，積極活躍於多個領域。著有《冰箱常備手揉麵包》（悅知文化）、《超省時！冰箱常備冷藏發酵麵包》（台灣東販）、《超便利的常備麵糰點心》（邦聯文化）等多本著作。現為線上烘焙講座「おうちパンマスター」的負責人，學員已突破3000人。

はじめてでも失敗しない絶対おいしい！おうちパン教室

© Maiko Yoshinaga 2020
Originally published in Japan by Shufunotomo Co., Ltd
Translation rights arranged with Shufunotomo Co., Ltd.
Through CREEK & RIVER Co., Ltd..

零失敗！自宅麵包烘焙教室

出　　　　版／	楓葉社文化事業有限公司
地　　　　址／	新北市板橋區信義路163巷3號10樓
郵 政 劃 撥／	19907596　楓書坊文化出版社
網　　　　址／	www.maplebook.com.tw
電　　　　話／	02-2957-6096
傳　　　　真／	02-2957-6435
作　　　　者／	吉永麻衣子
翻　　　　譯／	林芷柔
編　　　　輯／	江婉瑄
內 文 排 版／	謝政龍
校　　　　對／	邱鈺萱
港 澳 經 銷／	泛華發行代理有限公司
定　　　　價／	350元
初 版 日 期／	2021年12月

國家圖書館出版品預行編目資料

零失敗！自宅麵包烘焙教室 / 吉永麻衣子作
; 林芷柔翻譯. -- 初版. -- 新北市：楓葉社文
化事業有限公司, 2021.12　面；　公分
ISBN 978-986-370-341-9（平裝）

1. 點心食譜 2. 麵包

427.16　　　　　　　　　110016864

STAFF

裝幀・設計	細山田光宣、鈴木あづさ、長坂 凪（細山田デザイン事務所）
版型設計	橫村 葵
封面・內文插圖	サンダースタジオ
攝影	松木 潤（主婦の友社）
造型	二野宮友紀子
攝影協力	はまもと あかね　つねいし ゆうこ
構成・整理	早草れい子（Corfu企画）
責任編集	近藤祥子（主婦の友社）

攝影協力

cotta	https://www.cotta.jp
moily	https://moily-bk.com
UTUWA	

採訪協力

〈日本全國的おうちパンマスター〉
池田里美
井上有希子
岩崎純子
梅澤さつき
尾畠三紀子
香川桂子
北　明子
高橋ともみ
瀧本春奈
舛野花乃
藪内真紀
籔下友紀子
山野寺桃子
山本裕美